CONTRIBUTIONS A LA FAUNE MALACOLOGIQUE FRANÇAISE

VIII

DESCRIPTION

DE QUELQUES

ANODONTES NOUVEAUX

POUR LA FAUNE FRANÇAISE

PAR

ARNOULD LOCARD

LYON
IMPRIMERIE PITRAT AINÉ
RUE GENTIL, 4
1884

DESCRIPTION

DE QUELQUES

ANODONTES NOUVEAUX

POUR LA FAUNE FRANÇAISE

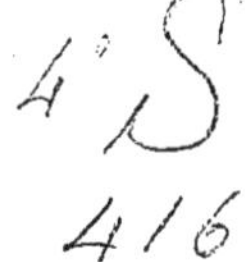

Extrait de la Société d'Agriculture, Histoire naturelle et Arts utiles de Lyon
Séance du 7 novembre 1884.

CONTRIBUTIONS A LA FAUNE MALACOLOGIQUE FRANÇAISE

VIII

DESCRIPTION

DE QUELQUES

ANODONTES NOUVEAUX

POUR LA FAUNE FRANÇAISE

PAR

ARNOULD LOCARD

LYON

IMPRIMERIE PITRAT AINÉ

RUE GENTIL, 4

1884

CONTRIBUTIONS A LA FAUNE MALACOLOGIQUE FRANÇAISE

VIII

DESCRIPTION

DE QUELQUES

ANODONTES NOUVEAUX

POUR LA FAUNE FRANÇAISE

Dans son grand ouvrage intitulé : *Matériaux pour servir à l'histoire des mollusques acéphales du système européen*, M. Bourguignat disait à propos des Anodontes d'Europe : « J'ai fait mon possible pour restreindre, autant que je l'ai pu, le nombre des espèces. J'ai agi, en cette circonstance, en conscience, sans parti pris. Malgré tout, cependant, j'ai été amené à reconnaître environ deux cents espèces ou *formes nouvelles*, que je ne puis faire autrement que de caractériser. » Sur ces deux cents espèces, la faune française en comprenait quatre-vingt-dix-neuf.

Mais depuis qu'a paru cette œuvre véritablement magistrale, qui jette un jour tout nouveau sur une grande famille malacologique jusqu'à présent si mal comprise et si mal interprétée, des recherches incessantes ont été faites, et ont eu pour résultat de faire découvrir des formes nouvelles, spécifiquement différentes de celles déjà connues. Tant il est vrai que dans une science aussi jeune que l'est encore la malacologie générale, et même la partie qui a rapport au seul continent français, le plus connu et le plus étudié, il y a encore bien à faire, avant de pouvoir affirmer que l'on connaît tous les éléments d'une faune aussi riche et aussi variée.

M. Bourguignat, avec cette inépuisable complaisance et cette extrême bienveillance qu'il montre toujours à tous ceux qui s'adonnent à l'histoire naturelle, a bien voulu se charger de réviser lui-même notre collection de Nayades, pour la comparer avec ses types. C'est à son instigation et sur ses conseils que nous publions cette petite notice relative à quelques formes nouvelles d'Anodontes de la faune française. C'est en quelque sorte un premier complément à son travail général sur les Mollusques acéphales du système européen.

Nous donnerons dans ce Mémoire la description de douze espèces inédites. En outre, nous signalerons pour la première fois, la présence dans la faune française de trois formes jusqu'alors connues seulement à l'étranger. Le total des Anodontes français se trouvera donc ainsi porté à cent quatorze espèces distinctes. Enfin, parmi les espèces déjà connues, nous signalerons un certain nombre de variétés nouvelles, tout en complétant par des habitats nouveaux leur extension géographique.

Nous n'avons pas eu besoin d'accompagner de figurations les descriptions de nos espèces. Toutes appartiennent à des groupes déjà connus ; toutes également, dans nos *rapports et différences*, sont comparées à des formes déjà figurées. Enfin, avec les mensurations telles que nous les donnons, d'après l'ingénieuse méthode imaginée par M. Bourguignat, il est toujours facile de reconstituer mathématiquement n'importe quelle espèce.

Lyon, 15 Octobre 1884.

Groupe de l'ANODONTA PAMMEGALA (1)

Ce groupe, comme on le sait, renferme des Anodontes d'un galbe très ventru, à valves relativement minces, peu pesantes, caractérisées par une forme écourtée, plus ou moins oblongue-subarrondie, ordinairement très convexe vers le bord palléal. Aux trois espèces françaises déjà connues, *Anodonta pammegala* Bourg. (2), *A. eucypha* Bourg. (3), et *A. Stagnalis* Sow (4), nous ajouterons deux formes nouvelles : les *Anodonta Nevirnensis* et *A. Hecartiana.*

ANODONTA NEVIRNENSIS, Pechaud

Anodonta Nevirnensis, Pechaud, 1883. *Mss.*

DESCRIPTION. — Coquille de taille moyenne, d'un galbe général très ventru, régulièrement bombé, un peu oblong-descendant, légèrement rétréci dans la région antérieure, largement dilaté dans la région postérieure. — Valves assez fortement bâillantes depuis l'angle postéro-dorsal jusqu'au rostre. — Test assez solide, un peu mince, orné de stries d'accroissement irrégulières, symétriquement concentriques, assez rapprochées, devenant comme feuilletées dans la ligne des contours, notamment dans la partie postéro-dorsale; épiderme d'un vert bronzé un peu rougeâtre vers le sommet, plus pâle près du bord palléal ; intérieur d'un blanc-bleuâtre nacré, parfois irisé. — Bord supérieur presque rectiligne ou légèrement arrondi. — Région antérieure médiocre, régulièrement arrondie. — Bord inférieur descendant, largement et très régulièrement convexe ; convexité presque médiane. — Région postérieure à peu près égale au double de la région antérieure, régulièrement développée, terminée par un rostre peu saillant, à peine bianguleux, sensiblement médian. — Crête ligamento-dorsale peu dilatée, faiblement comprimée sur une petite largeur, avec un angle postéro-dorsal très ouvert. —

(1) Bourguignat, 1881. *Mat. moll. acéph.*, p. 106 (*Pammegaliana).* — Locard, 1882. *Prodr. malac. franç.*, p. 267.
(2) *Anodonta pammegala*, Bourguignat, 1880. *Loc. cit.*, p. 107.
(3) *Anodonta eucypha*, Bourguignat, 1880. *Loc. cit.*, p. 108.
(4) *Mytilus stagnalis*, Sowerby. *Brit. misc.*, pl. XVI.

Arête dorsale peu saillante par suite du bombement régulier des valves, présentant deux lignes peu apparentes, un peu infléchies dans la partie moyenne, divergentes et aboutissant aux sommets des deux angles du rostre. — Sommets renflés, arrondis, peu saillants, ornés de petites rides ondulées, concentriques, irrégulières, subsinueuses. — Ligament postérieur solide, épais, un peu saillant, assez allongé.

Dimensions. —

Longueur maximum.	120	millim.
Hauteur maximum.	75	—
Épaisseur maximum (à 36 des sommets ; à 75 du rostre (1) ; à 54 du bord antérieur ; à 41 de l'angle postéro-dorsal ; à 46 de la base de la perpendiculaire). . . .	42	—
Longueur de la crête ligamento-dorsale, des sommets à l'angle postéro-dorsal.	45	—
Distance de cet angle au rostre.	55	—
Corde apico-rostrale.	91	—
Hauteur de la perpendiculaire.	62	—
Distance de cette perpendiculaire au bord antérieur. .	56	—
— du même point au rostre postérieur. . . .	86	—
— de la base de la perp. à l'angle postéro-dorsal.	72	—

Observations. — L'*Anodonta Nevirnensis* est plus particulièrement caractérisé par la régularité de son galbe dont les contours semblent n'offrir aucune saillie importante, ni au rostre, ni à l'angle postéro-dorsal ; très ventru comme toutes les formes de ce groupe, le bombement de la coquille est régulier dans tout son ensemble, ce qui fait disparaître en partie les caractères de la crête ligamento-dorsale ou de l'arête apico-rostrale.

Rapports et différences. — Cette nouvelle espèce ne peut être rapprochée que de l'*Anodonta eucypha* Bourg. (2) dont elle a à peu près la taille et le même caractère de convexité presque médiane du bord inférieur. On ne saurait la confondre avec l'*Anodonta pammegala* (3) qui est tou-

(1) Les cotes sont toujours prises par rapport au milieu du rostre, quelle qu'en soit la forme ou le mode de troncature.

(2) *Anodonta eucypha*, Bourguignat, 1881. *Matériaux pour servir à l'histoire des Mollusques acéphales du système européen*, p. 108. — Rossmässler, 1835. *Iconogr.*, fig. 67. — Dupuy, 1850. *Hist. moll.*, pl. XV, fig. 14.

(3) *Anodonta pammegala*, Bourguignat, 1881. *Mat. moll. acéph.*, p 107. — Schröter, 1779. *Flussconch. Thuring.*, pl. I. fig. 1. — Rossmassler, 1837. *Iconogr.*, pl. XXV, fig. 342. — Kuster, 1852. *In Chemnitz*, 2ᵉ édit., pl. XV. — Drouët, 1857. *Naïades de l'Aude*, pl. I.

jours beaucoup plus grand avec une hauteur proportionnellement moins considérable, la région postérieure moins saillante, la région antérieure plus dilatée, etc. Comparé à l'*Anodonta eucypha*, l'*A. Nevirnensis* en diffère : par son galbe plus régulier dans ses contours, plus renflé dans tout son ensemble ; par sa région postérieure plus allongée tout en ayant un rostre moins saillant ; par sa hauteur totale moins grande qui donne à la coquille un galbe général plus allongé ; par sa crête ligamento-dorsale moins comprimée et en même temps moins développée, avec un profil extérieur plus régulier ; par son test de coloration plus foncée ; etc.

Habitat. — Les bords de la Saône dans une mare à Saint-Laurent d'Ain, près Mâcon, dans le département de l'Ain.

ANODONTA HECARTIANA, Locard

Description. — Coquille de taille moyenne, d'un galbe général ventru, assez fortement bombée dans tout son ensemble, oblongue-allongée, un peu rétrécie dans la région antérieure, largement dilatée dans la région postérieure. — Valves légèrement bâillantes dans la partie postérieure du bord palléal, et sous la crête ligamento-dorsale jusqu'au rostre. — Test assez solide, mince, orné de stries d'accroissement concentriques irrégulières, parfois assez saillantes, un peu feuilletées dans la partie postéro-dorsale ; épiderme d'un vert clair alternant avec des zones passant d'un brun très clair au jaune pâle, un peu rougeâtre dans la région des sommets ; intérieur d'un blanc-bleuâtre ou rosâtre, nacré, quelquefois irisé. — Bord supérieur presque exactement rectiligne, assez allongé. — Région antérieure médiocre, régulièrement arrondie. — Bord inférieur légèrement descendant, convexe ; convexité un peu antérieure, peu accentuée. — Région postérieure sensiblement égale à deux fois et quart la région antérieure, assez régulièrement développée, terminée par un rostre assez saillant, submédian ; rostre biangulеux, les sommets des angles assez rapprochés, parfois bien accusés ; bord inférieur du rostre arrondi et un peu retroussé, bord supérieur un peu concave. — Crête ligamento-dorsale médiocrement dilatée, assez brusquement comprimée vers l'angle postéro-dorsal. — Arête dorsale assez saillante surtout vers le rostre, présentant deux lignes infléchies divergentes aboutissant à chacun des angles du rostre. — Sommets renflés, arrondis, ornés sur une assez faible longueur de stries de plus en plus fines, irrégulières, subsinueuses et concentriques.— Ligament postérieur solide, assez fort, un peu saillant, allongé.

DIMENSIONS. —

Longueur maximum.	113	millim.
Hauteur maximum.	59	—
Epaisseur maximum (à 35 des sommets ; à 64 du rostre ; à 54 du bord antér.; à 38 de l'angle postéro-dorsal ; à 40 de la base de la perpendiculaire).	35	—
Long. de la crête ligamento-dorsale, des sommets à l'angle postéro-dorsal.	38	—
Distance de cet angle au rostre. . . . . . . , . .	45	—
Corde apico-rostrale.	79	—
Hauteur de la perpendiculaire.	58	—
Distance de cette perp. au bord antérieur.	59	—
— du même point au rostre postérieur.	80	—
— de la base de la perp. à l'angle postéro-dorsal.	67	—

OBSERVATIONS. — Si l'*Anodonta Nevirnensis* présente déjà un galbe général plus allongé que celui de l'*Anodonta eucypha*, nous pouvons dire que notre *Anodonta Hecartiana*, quoique de taille encore plus petite, s'allonge également davantage. C'est en quelque sorte une forme intermédiaire entre ce groupe et les groupes suivants. Cependant, par le caractère bien accentué que présentent ses valves à test toujours mince pour un galbe aussi ventru, on voit qu'une telle forme doit encore appartenir au goupe de l'*Anodonta pammegala*.

Dans un échantillon provenant du Rhône aux environs d'Avignon, nous remarquons une tendance à une moins grande convexité du bord palléal, pour un même bombement des valves; la coquille paraît alors plus allongée, plus étroite, avec les bords supérieur et inférieur plus sensiblement parallèles ; de tels caractères ne sont point suffisants pour constituer une espèce différente de notre type. Nous l'inscrirons sous le nom de var. *elongata*.

RAPPORTS ET DIFFÉRENCES. — L'*Anodonta Hecartiana* ne peut être rapproché par son galbe que des *Anodonta eucypha* et *A. Nevirnensis*. Comparé à l'*Anodonta eucypha*, il s'en distingue : par sa taille plus petite, par son galbe proportionnellement plus allongé et un peu moins renflé ; par son bord palléal moins convexe ; par son rostre plus saillant, accompagné d'une arète dorsale plus infléchie et plus accusée ; etc. Rapproché de l'*Anodonta Nevirnensis* on l'en séparera : par son galbe plus droit, plus allongé, moins régulièrement elliptique; par son bombement moins accusé; par son point d'épaisseur maximum notablement plus rapproché de la région postérieure ; par son bord palléal à profil moins convexe ; par son rostre plus saillant, plus accusé, accompagné d'une arête dorsale plus forte ; par sa crête apico-rostrale plus prononcée avec un profil plus infléchi; etc.

Habitat. — Cette forme paraît assez répandue ; nous la connaissons dans les stations suivantes : la Saône à Lyon, où elle avait été recueillie dès 1789 par Sionnest ; les délaissés du Rhône à Irigny (Rhône), à Avignon (Vaucluse) et à Arles (Bouches-du-Rhône) ; le canal de Mons à Condé dans le département du Nord.

Groupe de l'ANODONTA VENTRICOSA (1)

Ce groupe beaucoup plus riche en espèces que le précèdent puis qu'il ne renferme pas moins de dix formes distinctes spécifiquement vient encore de s'enrichir de deux espèces nouvelles qui n'avaient point été signalées en France. En outre, nous aurons à indiquer plusieurs variétés non décrites se rapportant à des formes déjà connues.

ANODONTA HENRIQUEZI, Castro

Anodonta Henriquezi, da Silva e Castro, 1883. *Contrib. faune malac. Portugal, Anod.*, p. 3, *in Jorn. scien. mat. phys. e natur.*

Observations. — L'*Anodonta Henriquezi* n'a été jusqu'à présent signalé que dans la vallée du Mondego, dans les vallas de Foja en Portugal. M. Bourguignat a reconnu cette même espèce dans un échantillon de notre collection recueilli à Callebasse, près Gannat dans l'Allier. Notre échantillon est bien conforme au type, mais il est de taille plus petite ; ses dimensions principales comparées au type sont les suivantes :

(1) Bourguignat, 1881. *Mat. moll. acéph.*, p. 117 *(Ventricosina)*. — Locard, 1882. *Prodr. malac. franç.*, p. 267.

	PORTUGAL	FRANCE
Longueur maximum.	135	127
Hauteur maximum.	72	69
Épaisseur maximum.	47	43

Comme on peut le voir, par ce simple rapprochement, toutes ces cotes sont absolument proportionnelles. Il est donc fort singulier de constater la présence d'une même espèce dans deux stations aussi distantes l'une de l'autre.

Rapports et différences. — L'*Anodonta Henriquezi* doit prendre rang entre l'*Anodonta Gallica* Bourg. (1), et l'*A. Locardi* (2) Bourg.; déjà M. da Silva e Castro a établi les rapports et différences qui existaient entre l'*Ano vjupo Henriquezi* et l'*A. Gallica*. Nous complèterons cette étude en montrant en quoi l'*Anodonta Heuriquezi* diffère de l'*Anodonta Locardi* de même taille. On distinguera toujours facilement la première de ces deux espèces: à son galbe général un peu plus haut; à sa région antérieure notablement plus courte, deux valves opposées et de même taille de chacune de ces espèces étant superposées, le sommet de l'*Anodonta Locardi* est près de dix millim. plus postérieur que celui de l'*A. Henriquezi*; à son rostre plus large, plus retroussé, accompagné en dessus d'une ligne plus concave; à sa crête dorsale plus allongée, avec une direction plus descendante; à sa crête ligamento-dorsale plus développée, plus large, etc.

Habitat. — L'*Anodonta Henriquezi* vit à Callebasse, près Gannat dans l'Allier, en compagnie de l'*Anodonta Gallica* qui atteint une taille deux fois plus grande.

ANODONTA LOCARDI, Bourguignat

Anodonta Locardi, Bourguignat, 1881. *Mat. Moll. acéph.*, p. 126.

Observations. — Après avoir donné les caractères de cette espèce, M. Bourguignat fait observer qu'elle est sujette à des variations de taille. Si le type mesure 135 millimètres de long, il existe une var. *major* dont la longueur totale atteint 200 millimètres. Nous signalerons une

(1) *Anodonta Gallica*, Bourguignat, 1881. *Mat. moll. acéph.*, p. 123.— Brown, 1845. *Illust. conch.*, pl. XII, fig. 1.

(2) *Anodonta Locardi*, Bourguignat, 1881. *Loc, cit*, p. 126.

variété nouvelle que nous désignerons sous le nom de var. *curta*. Elle diffère du type par une taille moindre, par une forme plus écourtée, plus trapue, plus ramassée; la région postérieure est proportionnellement moins développée et le rostre moins accusé. Les dimensions principales de la var. *curta* comparées à celles du type sont les suivantes :

	TYPE	VAR. CURTA
Longueur maximum.	135	125
Hauteur maximum.	92	63
Epaisseur maximum.	44	37

HABITAT. — Nous connaissons aujourd'hui l'*Anodonta Locardi* dans les stations suivantes : — *type :* La Saône à Lyon, les fossés des forts de la Vitriolerie et de la Mouche à Lyon; la Vesle près Limé, dans l'Aisne; les canaux de l'ancienne Seine à Verrières près Troyes, dans l'Aube. — Var. *major :* les bords de la Saône dans le quartier de Perrache à Lyon, avant la construction des quais. — Var. *curta* ; la Grôsne à La Ferté près Sennecey-le Grand, dans Saône-et-Loire.

ANODONTA FRAGILLIMA, Bourguignat

Anodonta mutabilis, var. *fragilissima*, S. Clessin. *In Mart. et Chemn.*, 2e édit., *Anod.*, p. 237. — *Anodonta fragilissima*, p. 280, pl. LXXXVII, fig. 2.
— *fragillima*, Bourguignat, 1881. *Mal. moll. acéph.*, p. 129.

OBSERVATIONS. — L'*Anodonta fragillima* présente un polymorphysme notable. Déjà M. Bourguignat a signalé une forme très ventrue vivant dans le bassin du Rhône et en Italie. Cette variété avait même été dans le principe désignée sous le nom d'*Anodonta acyrta*. Aux stations déjà connues pour cette variété, nous ajouterons les suivantes : Manonville dans l'arrondissement de Toul dans la Meurthe-et-Moselle, et Guérande dans la Loire-Inférieure. Dans les échantillons de Manonville, le galbe tout en restant toujours bien ventru s'allonge assez considérablement; la région postérieure surtout paraît proportionnellement plus développée. Un de nos échantillons mesure : long. max., 142; haut. max., 72; épaiss. max., 42.

Dans l'étang de Falavier dans l'Isère et dans le lac d'Aiguebelette, en Savoie, on trouve une autre variété qui se rapproche davantage du véritable *Anodonta fragillima*. Tout en conservant un même bombement, la coquille s'allonge et prend un galbe plus régulier ; quelques cotes suffiront pour faire comprendre cette nouvelle variation.

	TYPE	FALAVIER	AIGUEBELETTE
Longueur maximum. . . .	125	133	136
Hauteur maximum.	70	68	71
Epaisseur maximum. . . .	35	38	36

Malgré ces disproportions dans la taille, on retrouve bien dans ces différentes coquilles les caractères généraux du type. Ce sont de simples variations locales dues sans aucun doute à des modifications dans les conditions physiques de chacun des habitats. Nous établirons donc chez cette espèce les variétés suivantes :

Acyrta. — Coquille de grande taille, très ventrue : étang de la Clayette (Rhône) ; marécages des bords de la Saône à Saint-Laurent-d'Ain près Mâcon (Ain) ; Guérande (Loire-inférieure) ; les environs d'Arles, dans le Rhône, et la tête de Camargue (Bouches-du-Rhône).

Major. — Coquille de très grande taille, bien ventrue, allongée ; Manonville (Meurthe-et-Moselle).

Elongata. — Coquille de taille moyenne, un peu plus ventrue que le type, mais d'un galbe plus allongé : lac d'Aiguebelette (Savoie) ; étang de Falavier (Isère) ; les bords du Rhône aux environs d'Avignon (Vaucluse) ; Romans (Drôme).

ANODONTA MACROSTENA, Servain

Anodonta macrostena, Servain, 1882. *Hist. moll. acéph. Francfort*, p. 32.

Observations. — En comparant les échantillons de notre collection avec ses types, M. Bourguignat a reconnu plusieurs formes qui se rapportent indubitablement à l'*Anodonta macrostena* des environs de Francfort. Cette espèce est trop bien décrite dans l'intéressant travail de M. le docteur Servain pour que nous ayons à y revenir. Nous nous bornons à dire qu'en général nos échantillons ont le test plus mince que ceux d'Allemagne. En outre, notre échantillon du département de l'Ain atteint une plus grande dimension que le type, et peut dès-lors constituer une var. *major* ; voici, du reste, les cotes respectives de ces deux formes :

	TYPE	VAR. MAJOR
Longueur maximum.	120	144
Hauteur maximum.	55	68
Epaisseur maximum.	41	47

Rapports et différences. — Quoique appartenant au groupe des *ventricosina*, nous avons vu souvent cette belle espèce confondue avec des *cygnæana*. Pour éviter à l'avenir toute confusion, nous dirons que l'*Anodonta macrostena* comparé à l'*Anodonta cygnæa* (1) en diffère : par son galbe beaucoup plus ventru, beaucoup plus renflé, comme cylindroïde; par sa hauteur moindre ; par sa région postérieure plus allongée, plus développée, égale à près de trois fois la région antérieure ; par son bord inférieur plus rectiligne ; etc.

Habitat. — Le parc de la Tête-d'Or à Lyon; les eaux du Menthon, dans le département de l'Ain; l'étang neuf près Saint-Saulge, dans la Nièvre.

Groupe de l'ANODONTA CYGNÆA (2)

Le groupe de l'*Anodonta cygnæa*, tel que nous l'avons compris dans notre *Prodrome* renferme onze espèces françaises ; à ce nombre nous pouvons ajouter trois espèces nouvelles : deux dont nous donnerons la description, et une troisième, l'*Anodonta cariosula*, espèce inédite découverte par M. Ancey et dont nous avons retrouvé le type dans l'étang de Falavier, dans l'Isère. Enfin nous signalerons, à titre de variétés d'espèces déjà connues, deux formes nouvelles.

ANODONTA THRIPEDESTA, Locard

Description. — Coquille de taille assez petite, d'un galbe général peu ventru, assez comprimé dans la région des sommets, d'un ovale un peu allongé, légèrement descendant. — Valves légèrement bâillantes dans la

(1) Le type de cette espèce est celui représenté par Rossmässler dans son *Iconographie*, fig. 280.

(2) Bourguignat, 1881. *Mat. moll. acéph.*, p. 139 *(Cygnæana)*. — Locard, 1882. *Prodr. malac franç.*, p. 269.

région antéro-palléale, plus bâillantes depuis l'angle postéro-dorsal jusqu'au rostre. — Test mince, assez solide, orné de stries d'accroissement irrégulières symétriquement concentriques, plus ou moins rapprochées, un peu feuilletées dans la partie postéro-dorsale ; épiderme un peu terne, d'un vert foncé passant au brun rougeâtre, devenant plus clair dans la région des sommets, avec des alternances jaunâtres dans la région palléale ; intérieur d'un blanc rosé, plus foncé vers les sommets, souvent nacré ou irisé. — Bord supérieur presque rectiligne, assez allongé. — Région antérieure courte, bien régulièrement arrondie. — Bord inférieur presque droit ou très largement convexe, sensiblement parallèle au bord supérieur, le sommet de la convexité se trouvant aux deux tiers de la longueur totale. — Région postérieure bien développée, à peu près égale à deux fois et demie la région antérieure, terminée par un rostre légèrement submédian, peu saillant, très large à son extrémité, et un peu arrondi. — Crête ligamento-dorsale peu développée, assez courte, légèrement comprimée. — Arête dorsale à peine saillante, comme obtuse, un peu plus apparente dans le jeune âge et alors légèrement infléchie et bifide à son extrémité. — Sommets très antérieurs, très peu saillants, ornés de quelques rides concentriques subsinueuses. — Ligament postérieur peu saillant, assez fort et assez allongé.

Dimensions. —

Longueur maximum	82	millim.
Hauteur maximum	45	—
Epaisseur maximum (à 19 des sommets ; à 53 du rostre ; à 35 du bord antér. ; à 25 de l'angle postéro-dorsal ; à 30 de la base de la perpendiculaire)	24	—
Longueur de la crête ligamento-dorsale, des sommets à l'angle postéro-dorsal	26	—
Distance de cet angle au rostre	42	—
Corde apico-rostrale	62	—
Hauteur de la perpendiculaire	43	—
Distance de cette perpendiculaire au bord antérieur	38	—
— du même point au rostre postérieur	55	—
— de la base de la perp. à l'angle postéro-dorsal	50	—

Observations. — Cette espèce est une des plus petites du groupe de l'*Anodonta cygnæa*. Elle est caractérisée par son galbe déprimé puisque son épaisseur maximum est près de trois fois et demie moindre que sa longueur maximum ; en cela elle se rapproche de l'*Anodonta Rhodani* (1). En outre ses bords supérieur et inférieur ont une tendance au parallélisme comme chez la plupart des Anodontes de ce groupe. Elle affecte un galbe assez régulièrement elliptique, par suite du peu de saillie de ses sommets toujours très antérieurs.

A côté du type dont nous venons de donner les dimensions, nous signalerons une forme *minor*, assez constante dans sa taille mais plus ou moins déprimée suivant les stations. Ainsi, pour une longueur maximum de 70 millimètres et une hauteur de 39 mill., l'épaisseur varie de 18 à 22 mill., les autres caractères du galbe et du profil restant sensiblement constants.

Rapports et différences. — Par son galbe, notre *Anodonta thripedesta* se rapproche des *Anodonta oblonga* (2) et *A. Rhodani*. Les échantillons de même taille que l'*Anodonta Rhodani* se distingueront facilement : à leur hauteur notablement moins grande pour une longueur maximum égale ; à leur galbe plus comprimé, plus elliptique ; à la longueur de la crête ligamento-dorsale moindre ; au rostre plus inférieur ; etc. Rapproché de l'*Anodonta oblonga*, on le reconnaîtra : à sa taille plus petite ; à son galbe plus court, la hauteur totale étant toujours proportionnellement plus grande ; à son galbe plus régulièrement elliptique ; à son rostre moins saillant et un peu moins inférieur ; à sa région postérieure proportionnellement moins développée ; etc.

Habitat. — Nous avons reçu ce type des environs de Montluçon dans l'Allier. La var. *minor* a été trouvée dans la Grôsne à la Ferté, près Sennecey-le-Grand (Saône-et-Loire) ; à Chalaronne (Ain) ; dans les eaux de la Saône, à Auxonne (Côte-d'Or).

ANODONTA PERROUDI, Locard

Description. — Coquille de taille moyenne, d'un galbe général assez ventru, régulièrement renflé dans toutes ses parties, d'un ovale presque régulier et assez allongé. — Test mince, assez solide, orné de stries d'accroissement un peu fines, assez régulières, rapprochées, à peine

(1) *Anodonta Rhodani*, Bourguignat, 1881. *Mal. moll. acéph.*, p. 152.

(2) *Anodonta oblonga*, Millet. 1833. *Descr. deux nouv. esp. Anod.*, in *Mem. soc. agr. sc. Angers*, p. 242, pl. XII, fig. 1. — Dupuy, 1852. *Hist. moll. France*, pl. XVIII, fig. — Joannès, 1833. *Et. Nayades*, in *Ann. soc. Linn. Maine-et-Loire*, t. III, pl. IV, fig. 1.

feuilletées sur la périphérie; épiderme brillant, d'un vert jaunâtre un peu clair, passant au roux corné par places; intérieur d'un blanc nacré un peu bleuâtre, parfois irisé vers les bords. — Bord supérieur presque rectiligne ou légèrement arqué, assez allongé. — Région antérieure courte, bien régulièrement arrondie. — Bord inférieur très largement convexe, le maximum de la convexité exactement au bas de la perpendiculaire. — Région postérieure bien développée, sensiblement égale à deux fois et demie la région antérieure, terminée par un rostre bien médian, bien arrondi, peu saillant. — Crête ligamento-dorsale peu développée, à peine amincie par suite de la régularité du bombement de la coquille, bordée par une ligne très légèrement concave. — Arête dorsale à peine saillante, comme effacée, légèrement infléchie et vaguement bifide sur la moitié postérieure de sa longueur totale. — Sommets un peu antérieurs, un peu saillants, assez renflés, ornés de lignes dorsales concentriques irrégulières sur une faible longueur. — Ligament postérieur assez fort, assez saillant, allongé.

Dimensions. —

Longueur maximum.	110	millim.
Hauteur maximum.	57	—
Épaisseur maximum (à 28 des sommets; 68 du rostre; à 49 du bord antérieur; à 76 de l'angle postéro-dorsal; à 42 de la base de la perpendiculaire).	33	—
Longueur de la crête ligamento-dorsale, des sommets à l'angle postéro-dorsal.	38	—
Distance de cet angle au rostre.	52	—
Corde apico-rostrale.	87	—
Hauteur de la perpendiculaire.	54	—
Distance de cette perpendiculaire au bord antérieur. .	46	—
— du même point au rostre postérieur. . . .	83	—
— de la base de la perp. à l'angle postéro-dorsal.	65	—

Observations. — Dans la série des Anodontes qui constitue le groupe des *Cygnæana*, l'*Anodonta Perroudi* est une des formes les plus ventrues, par rapport à la longueur totale de la coquille; mais on remarquera que le bombement des valves est régulier dans tout son ensemble. Un des caractères particuliers de cette forme nouvelle que nous sommes heureux de dédier à notre ami et collègue M. Charles Perroud, réside dans la position du maximum de convexité du bord palléal qui coïncide avec la base de la perpendiculaire abaissée des sommets sur ce bord.

Rapports et différences. — L'*Anodonta Perroudi* est voisin de l'*Anodonta oblonga* (1). Mais à taille égale, on le distinguera : à son galbe plus régulièrement ventru, plus nettement elliptique et moins allongé par rapport à la hauteur totale ; à son bord postérieur moins arrondi ; à son bord inférieur plus convexe ; à sa région postérieure plus courte, terminée par un rostre plus arrondi, moins saillant; à sa crête ligamento-dorsale moins développée, plus renflée : à son arête apico-rostrale bien plus émoussée ; etc.

Habitat.— Les fossés du fort des Hirondelles à Lyon ; les délaissés du Rhône au confluent de la Mulatière à Lyon.

ANODONTA OBLONGA, Millet

Anodonta oblonga, Millet, 1833. *Descr. deux nouv. esp. Anod., in Mem. soc. agr. Angers*, t. I, p. 22, pl. XII, fig. 1. — Bourguignat, 1881. *Mat. moll, acéph.*. p. 146.

Observations. — L'*Anodonta oblonga* est une des formes les plus répandues en France, dans les cours d'eau tranquilles à fond un peu vaseux. Mais lorsque l'on étudie des sujets provenant de milieux un peu différents, on constate chez cette espèce un certain polymorphisme provenant sans aucun doute de l'influence de la nature de ces milieux. Tout en conservant les caractères généraux du galbe type, nous observons que la taille de la coquille varie beaucoup. Nous voyons, en effet, chez des sujets bien adultes, la longueur maximum passer de 92 millim. à 127 millim. La hauteur est également très variable ; chez des échantillons de même longueur, elle peut varier jusqu'à près de 10 millim. On peut donc instituer pour cette espèce les var. *major*, *elongata* et *curta*, suivant leur différente manière d'être.

Habitat. — Aux stations déjà signalées, nous ajouterons les suivantes : *Type :* fossés de La Mouche, près Lyon; le Rhône, dans les délaissés au confluent avec la Saône ; la Saône à Auxonne dans la Côte-d'Or. — Var. *major :* La Grôsne, à La Ferté, près Sennecey-le-Grand, dans Saône-et-Loire ; le Rhône, à la Mulatière près Lyon. — Var. *elongata :* Le Drageon, dans le Doubs ; la Saône, aux environs de Mâcon.— Var. *curta ;*

(1) *Anodonta oblonga*, Millet. *Vide ante*. p. 17, note.

Fossés des Brotteaux, près Lyon ; le lac du Bourget, en Savoie ; la Grande-Garonne, à Fréjus, dans le Var ; etc.

ANODONTA SAINT-SIMONIANA, Fagot

Anodonta Saint-Simoniana, Fagot, 1881. *In Litt.* — *In* Bourguignat, 1881. *Mat. moll. acéph.*, p. 142.

Observations. — L'*Anodonta Saint-Simoniana* n'a été signalé en France que dans le canal de Carcassonne dans l'Aude, et les eaux du lac de Neuchâtel en Suisse. Nous pouvons, aujourd'hui, signaler deux stations intermédiaires entre ces deux points extrêmes, et où vit ce même Anodonte. Nous l'avons, en effet, recueilli dans le lac du Bourget, au port Puer, et dans les eaux du Rhône, au confluent de la Mulatière à Lyon. Nos échantillons sont de taille plus petite que le type ; voici du reste les cotes comparatives de ces diverses formes :

	TYPE	RHÔNE	BOURGET
Longueur maximum.	107	97	95
Hauteur —	56	51	50
Epaisseur —	28	26	26

Malgré la différence des milieux, nos échantillons ont conservé un caractère épidermique signalé par M. Bourguignat, et qui semble très important ; chez tous les sujets, l'arête dorsale est nulle, elle est seulement indiquée par une radiation zonulée d'un noir verdâtre.

Groupe de l'ANODONTA ELLIPSOPSIS (1)

ANODONTA ELLIPSOPSIS, Bourguignat

Anodonta ellipsopsis, Bourguignat, 1881. *Mat. moll. acéph.*, p. 156.

Observations. — A la suite de la description que M. Bourguignat a donnée de cette belle espèce, il signale le type en Suisse et indique une jolie petite variété *minor* aux environs de Troyes dans l'Aube. Nous

(1) Bourguignat, 1881. *Mat. moll. acéph.*, p. 156 *(Ellipsopsiana)*. — Locard, 1882. *Prodr. malac. franç.*, p. 271.

avons retrouvé le type ou tout au moins une forme très voisine en France dans les eaux du Rhône, dans deux stations différentes, à Valence et à Avignon, et dans celles de la Saône, à Neuville près de Lyon. Nos échantillons sont plus grands que ceux de Suisse, tout en conservant le galbe caractéristique tout à fait similaire. Nous allons en donner les cotes comparatives :

	SUISSE	AVIGNON	VALENCE
Longueur maximum.	87	103	115
Hauteur —	52	55	59
Epaisseur —	23	28	31

Dans nos échantillons, en tenant compte de l'augmentation de taille la forme oblongue, avec une direction légèrement descendante, avec des valves comprimées, reste donc sensiblement la même. C'est là une forme bien nette, bien typique, qui ne saurait être confondue avec aucune autre espèce. M. Bourguignat a signalé dans l'Aube une var. *minor* qui, selon nous, pourrait bien constituer une espèce distincte. Nous avons reçu cette même forme de l'Esse à Manonville, dans le département de Meurthe-et-Moselle.

Groupe de l'ANODONTA GLYCA (1)

Ce singulier groupe, tel que M. Bourguignat l'a établi, ne renfermait que trois espèces, les *Anodonta glyca*, *A. Doëi*, et *A. lacuna*; caractérisées plus particulièrement par un galbe oblong-allongé, à contour anguleux, avec un mode de convexité tout particulier. A ces trois formes, nous pouvons aujourd'hui en ajouter une quatrième, l'*Anodonta Glycella*, en même temps que nous aurons à signaler des variations particulières pour les espèces déjà connues.

ANODONTA GLYCELLA, Bourguignat

Anodonta glycella, Bourguignat, 1884. *Mss.*

Description.— Coquille de taille moyenne, d'un galbe général oblong,

(1) Bourguignat, 1881. *Mat. moll. acéph.*, p. 166 *(Glyciana)*. — Locard, 1882. *Prodr. malac franç.*, p 272.

mais peu allongé, ventru, irrégulièrement renflé, avec des valves fortement bâillantes dons toute la région comprise entre le ligament postéro-dorsal et le rostre. — Test solide, un peu épais, orné de stries d'accroissement très peu saillantes, concentriques, assez irrégulières, plus rapprochées et plus fortes vers la périphérie et un peu feuilletées dans cette partie ; épiderme très brillant, d'un vert pâle un peu grisâtre, ocreux vers les sommets, avec des rayons apico-rostraux d'un vert plus foncé ; intérieur d'un blanc nacré bleuâtre, souvent irisé sur les bords. — Bord supérieur presque rectiligne, assez allongé. — Région antérieure courte, peu dilatée en hauteur et en épaisseur, à profil bien arrondi. — Bord inférieur légèrement concave dans sa partie médiane, fortement tombant jusqu'à la perpendiculaire abaissée de l'extrémité du ligament postérieur, puis, fortement relevé jusqu'au rostre par un angle assez brusque. — Région postérieure fortement dilatée dans le sens de la hauteur, avec un bombement progressivement atténué dans la direction du rostre, terminé par un rostre assez large, bianguleux, un peu inférieur. — Crête ligamento-dorsale assez développée, amincie, comme comprimée, terminée par une ligne concave. — Arête dorsale peu saillante, représentant le maximum de bombement de la coquille, un peu infléchie, bifide sur les deux tiers de sa longueur totale, du côté du rostre. — Sommets antérieurs peu renflés, peu saillants, ornés à leur extrémité de rides concentriques ondulées, assez fortes et assez irrégulières, s'étendant sur près de un quart à un cinquième de la hauteur de la perpendiculaire abaissée des sommets. — Ligament postérieur assez fort, peu saillant, allongé.

Dimensions. —

Longueur maximum.	91	millim.
Hauteur maximum.	54	—
Epaisseur maximum (à 30 des sommets ; à 56 du rostre ; à 41 du bord antérieur ; à 30 de l'angle postéro-dorsal ; à 33 de la base de la perpendiculaire).	30	—
Longueur de la crête ligamento-dorsale, des sommets à l'angle postéro-dorsal). . . , ...	33	—
Distance de cet angle au rostre.	50	—
Corde apico-rostrale.	75	—
Hauteur de la perpendiculaire. . . . . , ...	45	—
Distance de cette perpendiculaire au bord antérieur. . .	37	—
— du même point au rostre postérieur.	65	—
— de la base de la perp. à l'angle postéro-dorsal. .	55	—

Observations. — L'*Anodonta glycella,* malgré la singularité de son galbe et de son profil est une forme constante. Ce qui la caractérise, c'est son galbe relativement court, par rapport à la hauteur totale, résultant du développement de la région comprise entre l'arête apico-rostrale et l'angle postéro-dorsal. Le bombement est irrégulier ; le maximum de bombement est situé assez loin de la région antérieure ; la région qui accompagne la perpendiculaire abaissée du sommet sur la base correspond à une sorte de dépression traduite à la périphérie par un profil concave. Enfin dans cette espèce, le rostre est submédian, court et assez large.

Nous signalerons à la suite du type une var. *minor* de galbe tout à fait similaire, mais de taille notablement plus petite ; ses dimensions sont les suivantes : long. maxim., 80 ; hauteur max., 45 ; épaiss. max., 28.

Rapports et Différences. — L'*Anodonta glycella* doit prendre rang à côté de l'*Anodonta glyca* (1). On le distinguera toujours facilement, à sa forme plus haute pour une même longueur totale chez une coquille sensiblement aussi bombée ; au plus grand développement de sa crête ligamento-dorsale ; à son bord inférieur nettement sinueux, concave et non pas rectiligne ; à son rostre plus nettement troncatulé, bifide ; à ses sommets moins renflés, moins saillants ; etc.

Comparé à l'*Anodonta lacuum* (2) dont la figuration a été faite par M. le docteur Brot (3), cette nouvelle espèce se rapproche surtout de la forme décrite sous le nom d'*Anodonta anatina* var. *elongata* (pl. VI, fig. I) ; mais elle en diffère : par une hauteur plus grande pour une même largeur ; par son rostre moins allongé, moins nettement troncatulé ; par son arête dorsale moins concave ; enfin par le profil moins rectiligne du bord inférieur.

Habitat. — Cette espèce paraît assez répandue dans les eaux du Menthon dans l'Ain, d'où nous l'avons reçue des mains de M. Lacroix, de Mâcon. Nous la connaissons également dans l'Allier à Pont-du-Château, dans le Puy-de-Dôme.

(1) *Anodonta glyca,* Bourguignat, 1881. *Mat. moll. acéph.*, p. 161.

(2) *Anodonta lacuum*, Bourguignat, 1880. *Loc. cit.*, p. 109. — 1881, p. 171.

(3) A. Brot, 1867. *Nayades bassin Léman*, pl. VI, fig 1 *(Anodonta anatina,* var. *elongata)*; fig. 4 *(A. celensis* var. *dilatata)* ; pl. VIII, fig. 3 *(A. Picteliana,* var. *rostrata)*.

ANODONTA SPATHULIFORMIS, Locard

Description. — Coquille de petite taille, d'un galbe général spathuliforme, ventru, irrégulièrement bombé. — Valves bâillantes dans le bas de la région antérieure et sous la crête ligamento-rostrale. — Test assez solide, un peu épais, orné de stries d'accroissement concentriques peu saillantes formant des faisceaux peu épais, assez distants les uns des autres, plus rapprochés et comme feuilletés à la périphérie; épiderme d'un brun clair verdâtre, passant au roux fauve vers les sommets, avec des rayons apico-rostraux d'un vert foncé. — Bord supérieur arrondi, assez allongé. — Région antérieure courte, peu dilatée en hauteur et en épaisseur, à profil arrondi. — Bord inférieur fortement tombant avec une direction rectiligne, un peu concave dans sa partie médiane. — Région postérieure très développée, peu haute, bien bombée, égale à plus de trois fois la région antérieure, terminée par un rostre inférieur, très large, très émoussé, quoique troncatulé. — Crête ligamento-dorsale, peu large, très allongée, acuminée, terminée par un profil largement arrondi. — Arête apico-rostrale peu saillante, légèrement infléchie, subbifide à son extrémité vers le rostre, présentant à peu près le maximum de bombement de la coquille dans son ensemble. — Sommets très antérieurs, peu renflés, peu saillants à leur extrémité, ornés de stries ondulées concentriques assez irrégulières, s'étendant sur une faible longueur. — Ligament antéro-interne lamelleux, court, assez fort; ligament postérieur assez allongé, fort et saillant.

Dimensions. —

Longueur maximum.	70	millim.
Hauteur maximum.	38	—
Épaisseur maximum (à 18 des sommets; à 45 du rostre; à 31 du bord antérieur; à 20 de l'angle postéro-dorsal; à 27 de la base de la perpendiculaire).	24	—
Longueur de la crête ligamento-dorsale, des sommets à l'angle postéro-dorsal.	26	—
Distance de cet angle au rostre.	38	—
Corde apico-rostrale.	60	—
Hauteur de la perpendiculaire.	32	—

Distance de cette perp. au bord antérieur.	28	—
— du même point au rostre postérieur.	50	—
— de la base de la perp. à l'angle postéro-dorsal. .	41	—

OBSERVATIONS. — Cette élégante coquille est surtout caractérisée par son galbe tout particulièrement spathuliforme, galbe résultant, d'une part du peu de développement de la région antérieure, et d'autre part de l'épanouissement de la crête dorsale correspondant à l'extrémité de la concavité du bord inférieur. Les irrégularités de son bombement la rattachent directement au groupe de l'*Anodonta glyca*. Ce bombement, en effet, a son maximum d'intensité à peu près au niveau de la crête apico-rostrale, quoiqu'un peu inférieur ; en même temps, on constate une dépression de la coquille dans le haut vers la crête dorsale, et dans le bas vers la concavité du bord inférieur; cette dernière dépression se fait sentir à peu près sur la moitié de la hauteur totale de la coquille.

RAPPORTS ET DIFFÉRENCES. — L'*Anodonta spathuliformis* doit prendre rang à la suite de l'*Anodonta glycella*. On le distinguera de cette coquille: à sa taille plus petite; à son galbe plus spathuliforme, plus allongé, avec un profil plus tombant; à son rostre plus large, plus émoussé; à sa crête dorsale moins saillante, moins haute; etc. Il ne saurait être confondu avec l'*Anodonta glyca* dont la taille est beaucoup plus grande et le profil tout à fait différent.

HABITAT. — Cette espèce nous a été envoyée de Saint-Amour, dans le Jura, par M. Charpy, sous le nom d'*Anodonta anatina*.

ANODONTA DOEI, Bourguignat

Anodonta Doëi, Bourguignat, 1881. *Mat. moll. acéph.*, p. 169.

OBSERVATIONS.—Nous signalerons deux stations nouvelles pour l'habitat de l'*Anodonta Doëi*. M. Bourguignat a reconnu son espèce dans deux échantillons recueillis à Lyon, l'un dans les fossés du fort de la Vitriolerie, l'autre dans les délaissés du Rhône, au confluent de la Mulatière. L'échantillon du fort de la Vitriolerie ne mesure que 91 millim. comme longueur maximum; mais si sa hauteur est bien proportionnelle, son épaisseur maximum est notablement plus grande ; il mesure, en effet, 36 millim., alors que le type pour une longueur de 105 millim. n'a comme épaisseur que 33 millim.; nous sommes donc ici en présence d'une var. *inflata*. L'échantillon récolté à la Mulatière, quoique de taille plus petite encore, est affecté du même bombement des valves.

Cette nouvelle variété présente quelques rapports avec l'*Anodonta glycella*, tel que nous venons de l'établir. On la distinguera : à son galbe encore plus renflé, mais avec un bombement plus régulier, sans dépression aucune dans la région de la perpendiculaire abaissée des sommets sur le bord inférieur ; à sa crête ligamento-dorsale moins développée, et surtout moins fortement comprimée ; à son arête dorsale plus largement arrondie dans sa section, moins bifide à son extrémité, descendant plus régulièrement des sommets au rostre ; au profil de son bord inférieur descendant à peu près de la même manière, mais sans présenter de flexion concave ; etc.

ANODONTA LACUUM, Bourguignat

Anodonta lacuum, Bourguignat, 1880. *Mat. moll. acéph.*, p. 103. — 1881. *Loc. cit.*, p. 171.

Observations. — Les diverses figures que M. le docteur Brot a donné de cette même espèce sous des dénominations différentes s'appliquent à des coquilles d'assez grande taille, puisque la plus petite mesure encore 95 millimètres de longueur maximum. Nous avons reçu du lac d'Annecy, en Savoie, une coquille qui peut être rapportée à l'*Anodonta lacum*, mais qui constitue une var. *minor* bien définie. Ses principales mesures sont les suivantes :

Longueur maximum.	72 millim.
Hauteur maximum.	43 —
Epaisseur maximum.	24 —

Comme galbe, c'est de la fig. 3, de la pl. VIII (*Anodonta anatina* var. *rostrata*) que notre petite coquille se rapproche le plus ; elle affecte pourtant un galbe un peu plus allongé, avec la région postérieure de la coquille plus développée, sans que pourtant le rostre soit beaucoup plus développé.

Groupe de l'ANODONTA SUBPONDEROSA (1)

Nous avons adopté comme type du groupe dans notre *Prodrome*, l'*Anodonta subponderosa* (2), forme bien décrite, bien typique et dont l'existence en France a été signalée dans plusieurs localités, de préférence à l'*Anodonta ponderosa* (3) espèce jusqu'à présent étrangère à la France, malgré les citations qui ont pu en être faites. Dans ce groupe, nous avons signalé six espèces. A ce nombre nous allons ajouter quatre espèces nouvelles, et signaler quelques variétés.

ANODONTA EUTHYMEANA, Locard

DESCRIPTION. — Coquille de taille moyenne, d'un galbe général moyennement allongé, régulièrement ventru dans tout son ensemble. — Valves légèrement bâillantes sur presque toute la périphérie du bord inférieur, surtout vers la région antérieure, plus bâillantes depuis l'angle postéro-dorsal jusqu'au rostre. — Test solide, assez épais, orné de stries d'accroissement concentriques, assez régulières, un peu fines, plus rapprochées et moins régulières à la périphérie; épiderme assez brillant, d'un brun foncé un peu rougeâtre dans la région des sommets, avec des bandes plus ou moins foncées accompagnant les faisceaux formés par les stries d'accroissement; intérieur d'un nacré un peu bleuâtre, légèrement irisé. — Bord supérieur droit et assez allongé, depuis les sommets jusqu'à l'angle postéro-dorsal. — Région antérieure courte exactement arrondie, la courbure partant presque aussitôt après les sommets. — Bord inférieur, rectiligne, légèrement tombant, puis brusquement relevé à partir du pied de la perpendiculaire abaissée à mi-distance de la ligne qui joint l'angle postéro-dorsal au point le plus relevé du rostre. — Région postérieure sensiblement égale à trois fois la région antérieure, terminée par un rostre court, assez large, à peu près médian, troncatulé à son extrémité. — Crête ligamento-dorsale peu développée par suite du bombement régulier

(1) Bourguignat, 1881, *Mat. moll. acéph.*, p. 145 *(Ponderosinæ)*. — Locard, 1882. *Prodr. malac. franç.*, p. 273.

(2) *Anodonta subponderosa*, Dupuy, 1849, *Cat. extr. Galliæ test.*, n° 29. — 1851. *Moll. France*, p. 607, pl. XVII, fig. 14.

(3) *Anodonta ponderosa*, C. Pfeiffer, 1825, *Deutsch. moll.*, p. 31, pl. IV, fig. 3-4.

de la coquille, à profil extérieur à peu près rectiligne ou très légèrement concave. — Arête dorsale peu saillante, bifide sur presque toute sa longueur, régulièrement infléchie, avec le maximum de courbure dans la partie moyenne. — Sommets assez antérieurs, très peu saillants, ornés à leur extrémité de quelques lignes concentriques irrégulièrement ondulées, peu marquées et s'étendant sur une faible longueur. — Ligament antéro-interne assez développé ; ligament postérieur, assez fort, saillant et allongé.

Dimensions. —

Longueur maximum.	119	millim.
Hauteur maximum.	65	—
Epaisseur maximum (à 29 des sommets ; à 73 du rostre ; à 53 du bord antérieur ; à 34 de l'angle postéro-dorsal ; à 47 de la base de la perpendiculaire).	38	—
Longueur de la crête ligamento-dorsale, des sommets à l'angle postéro-dorsal.	40	—
Distance de cet angle au rostre.	55	—
Corde apico-rostrale.	93	—
Hauteur de la perpendiculaire.	58	—
Distance de cette perpendiculaire au bord antérieur. . .	46	—
— du même point au rostre postérieur.	92	—
— de la base de la perp. à l'angle postéro-dorsal.	73	—

Observations. — Par la nature solide et épaisse de son test, comme par sa coloration épidermique, cette espèce nouvelle appartient bien au groupe de l'*Anodonta subponderosa* (1) tel que M. Bourguignat l'a établi. Moins grand que les *Anodonta subponderosa* et *A. Mabillei* (2), l'*A. Euthymeana* doit prendre rang entre l'*A. Mabillei* et l'*A. Dupuyi* (3). Comme convexité ou bombement des valves, il se place après les *Anodonta Mabillei, Dupuyi, subponderosa*. C'est en somme avec l'*Anodonta Dupuyi* qu'il a le plus d'analogie. Il est à remarquer que dans cette espèce le maximum de bombement des valves est relativement assez éloigné du bord antérieur, et qu'en même temps la région antérieure est relativement courte ; ce bombement est très régulier et n'affecte pas cette sorte

(1) *Anodonta subponderosa*, Dupuy, 1849. *Cat. extramar. Galliæ*, n° 29. — 1852. *Hist. moll.*, p. 607, pl. XVII, fig. 14.

(2) *Anodonta Mabillei*, Bourguignat, 1881. *Mat. moll. acéph.*, p. 195.

(3) *Anodonta Dupuyi*, 1849, Ray et Drouët. *Descr. nouv. Anod.*, in *Rev. Zool.*, p. 32, pl. I et II. — Dupuy, 1852. *Hist. Moll.*, pl. XV II, fig. 3.

de forme en dos d'âne que l'on observe chez les *Anodonta Dupuyi* et *A. Gueretini*. Il en résulte nécessairement que la crête ligamento-dorsale est peu développée en hauteur, et que l'arête apico-rostrale est peu saillante.

Rapports et différences. — Comparée à l'*Anodonta Dupuyi*, notre nouvelle espèce se distingue : à sa taille un peu plus grande, si nous prenons comme type la figuration de M. l'abbé Dupuy ; à ses valves un peu moins pesantes et surtout moins renflées dans tout leur ensemble ; à sa région antérieure plus courte, avec les sommets plus antérieurs et beaucoup moins saillants ; à sa région postérieure plus développée, avec un rostre plus relevé ; à sa crête ligamento-dorsale moins grande, moins développée ; à son arête apico-rostrale plus infléchie, moins saillante par suite du moindre bombement des valves ; etc.

Habitat.— Cette nouvelle espèce, que nous sommes heureux de dédier au savant naturaliste le frère Euthyme, Assistant du supérieur général des Petits-Frères de Marie, vit dans les eaux du Menthon, dans le département de l'Ain.

ANODONTA FLORENCIANA, Locard

Description. — Coquille de taille assez petite, d'un galbe général un peu en forme de fer de lance, très ventrue, avec le maximum de bombement à peu près central. — Valves légèrement bâillantes dans la partie inférieure de la région antérieure, plus fortement bâillantes depuis l'angle postéro-dorsal jusqu'au rostre. — Test solide, épais, pesant, orné de stries concentriques irrégulières, peu saillantes, formant de distance en distance des bourrelets déprimés, assez régulièrement espacés ; épiderme peu brillant, d'un brun noirâtre, passant par place au brun rougeâtre ou verdâtre plus ou moins foncé. — Bord supérieur presque droit ou très légèrement convexe, médiocrement allongé. — Région antérieure assez développée, un peu plus amincie dans le haut que dans le bas, à profil arrondi mais un peu retroussé. — Bord inférieur tombant, largement arrondi, avec le maximum de convexité à peu près central, relevé tout à fait à son extrémité. — Région postérieure sensiblement égale à deux fois la région antérieure, plus renflée que celle-ci, et terminée par un rostre inférieur peu saillant, mais nettement troncatulé à son extrémité. — Crête ligamento-dorsale assez développée, mais peu comprimée, avec un profil sensiblement rectiligne. — Arête apico-rostrale correspondant à peu près au maximum de bombement, peu apparente, s'épanouissant plutôt que bifide à son extrémité, assez fortement infléchie, le maximum de courbure situé au-dessous de l'angle postéro-dorsal. — Sommets submédians renflés dans leur ensemble, à peine saillants à leur extrémité, la plupart du temps arrondis. — Ligament antéro-interne lamelleux, assez épais ; ligament postérieur fort, saillant, épais, assez allongé.

Dimensions. —

Longueur maximum.	83 millim.
Hauteur maximum.	50 —
Epaisseur maximum (à 23 des sommets ; à 47 du rostre ; à 38 du bord antérieur ; à 28 de l'angle postéro-dorsal ; à 36 de la base de la perpendiculaire).	31 —
Longueur de la crête ligamento-dorsale, des sommets à l'angle postéro-dorsal.	28 —
Distance de cet angle au rostre.	42 —
Corde apico-rostrale.	65 —
Hauteur de la perpendiculaire.	47 —
Distance de la perpendiculaire au bord antérieur. . . .	41 —
— du même point de la perpendiculaire au rostre. .	56 —
— de la base de la perp. à l'angle postéro-dorsal.	53 —

Observations. — Cette forme nouvelle, que nous dédions au frère Florence, zélé malacologiste, est un des types les plus courts et les plus trapus des Anodontes de ce groupe. C'est en quelque sorte une forme de passage entre l'*Anodonta Dupuyi* et l'*A. Gougetana* (1). Un des caractères particuliers de cette coquille, c'est que le maximum de bombement des valves a une tendance à être à peu près submédian, tandis qu'il est, dans les autres espèces du groupe, plus antérieur et plus supérieur ; en outre, par suite de ce mode de bombement, la région antérieure est plus pincée, et la partie comprise entre l'angle postéro-dorsal et la crête apico-rostrale a plus d'importance.

Rapports et différences. — L'*Anodonta Florenciana* ne peut être comparé qu'aux *Anodonta Dupuyi* et *A. Gougetana*. On le distinguera toujours de la première de ces deux coquilles : à sa taille plus petite ; à son galbe plus court, plus ramassé, plus trapu, plus bombé ; à sa région antérieure plus amincie ; à sa région postérieure plus courte, avec un

(1) *Anodonta Gougetana*, Ogérien, 1861. *Descr. nouv. esp. Anod.*, *in Rev. et mag. zool.*, p. 115, pl. III. — 1863. *Hist. nat. Jura*, III, p. 550, fig. 206 à 208.

rostre moins allongé, plus inférieur ; à son bord palléal plus court et plus arrondi ; etc. Rapproché de l'*Anodonta Gougetana*, on le distinguera à plus forte raison : à son galbe encore plus court, plus ramassé, plus trapu, plus bombé ; à sa hauteur proportionnellement plus grande, par rapport à la longueur totale ; à son galbe moins régulièrement bombé dans toutes ses parties ; à sa région postérieure beaucoup moins allongée, avec un rostre plus nettement troncatulé ; etc.

Habitat. — Cette forme vit dans les eaux de la Drée dans Saône-et-Loire ; à Épinac, on la trouve avec l'*Anodonta Gougetana* de petite taille.

ANODONTA GOUGETANA, Ogérien

Anodonta Gougetana, Ogérien, 1861. *Descr. nouv. esp. Anod.*, in *Rev. et mag. zool.*, p. 111, pl. III. — 1863. *Hist. nat. Jura*, t. III, p. 550, fig. 206 à 208.

Observations. — L'*Anodonta Gougetana*, forme voisine de l'*Anodonta Dupuyi*, mais que M. Bourguignat maintient pourtant au rang d'espèce, est susceptible de présenter certaines variations dont il importe de tenir compte. Dans le tableau des dimensions principales de sept individus, donné par l'auteur de l'*Histoire naturelle du Jura*, nous voyons que la longueur maximum varie de 51 à 80 millimètres pour une hauteur passant de 28 à 37, et une épaisseur de 15 à 30. Les dimensions minimum s'appliquent à de jeunes individus ; il n'y a donc pas lieu d'en tenir compte. Nous garderons comme type l'échantillon figuré qui représente dans le tableau le n° 2 de la liste.

Ceci étant établi, nous instituerons en premier lieu une var. *major* pour des individus dont la taille dépasse 80 millimètres de longueur maximum. Nous avons reçu des eaux de la Drée à Épinac, par les soins de M. Lacroix de Mâcon, des sujets atteignant jusqu'à 97 millimètres. C'est toujours le même galbe général de l'*Anodonta Gougetana*, mais avec un profil plus allongé. La région antérieure prenant en quelque sorte plus de développement ; dans cet échantillon, la longueur maximum est de 50 millimètres, et l'épaisseur de 35 millim.

Nous signalerons également une var. *depressa* qui se distingue du type par son galbe général très notablement plus déprimé. Les dimensions de cette variété sont les suivantes : longueur max., 75 millim. ; hauteur max., 45 millim. ; épaisseur max., 26 millim. Chez un échantillon du type de même longueur, la hauteur est de 38 millim., et l'épaisseur de

28 millim.; on voit par ces cotes qu'à longueur égale, la nouvelle variété est à la fois plus haute et plus comprimée. Ajoutons que cette compression se manifeste régulièrement dans tout l'ensemble de la coquille.

Habitat. — Aux localités déjà connues des canaux de Montmorot et des eaux du Solvan dans le Jura, nous ajouterons les stations suivantes : *type* : La Drée à Épinac, dans Saône-et-Loire; Chevremont, dans le Haut-Rhin. — Var. *major* : La Drée à Épinac. — Var. *depressa* : Froideville, dans le Jura.

ANODONTA CAMPYLA, Bourguignat

Anodonta campyla, Bourguignat, 1884. *Mss.*

Description. — Coquille de petite taille, d'un galbe général un peu allongé, très infléchi inférieurement, assez régulièrement bombé dans tout son ensemble. — Valves assez fortement bâillantes dans toute la région antérieure, un peu moins bâillantes dans la partie comprise entre l'angle postéro-dorsal et le rostre. — Test solide, épais, assez lourd, orné de stries concentriques irrégulières assez saillantes, assez rapprochées, comme feuilletées, surtout dans la région périphérique ; épiderme peu brillant, d'un brun grisâtre ou verdâtre, assez clair ; intérieur nacré, d'un blanc rosé, légèrement irisé. — Bord supérieur assez allongé, fortement arqué. — Région antérieure courte, arrondie. — Bord inférieur très tombant, à direction rectiligne, légèrement concave dans sa partie médiane. — Région postérieure sensiblement égale à trois fois la région antérieure, assez allongée, terminée par un rostre très inférieur, tombant et arrondi. — Crête ligamento-dorsale peu développée, à profil fortement convexe, avec une direction très descendante. — Arête apico-rostrale peu saillante, subbifide à son extrémité, correspondant au maximum de bombement de la coquille, infléchie dans son profil et tombante vers le rostre. — Sommets peu renflés, peu saillants à leur extrémité, ornés sur une faible longueur de lignes concentriques, irrégulières, ondulées et peu saillantes. — Ligament postérieur allongé, fort et saillant.

Dimensions. —

Longueur maximum. . . . . 79 millim.
Hauteur maximum. . . . . 44 —
Epaisseur maximum (à 23 des sommets; à 41 du rostre; à

38 du bord antérieur ; à 20 de l'angle postéro-dorsal ; à 22 de la base de la perpendiculaire). . . . . 28 —
Longueur de la crête ligamento-dorsale, des sommets à l'angle postéro-dorsal. . . . . 27 —
Distance de cet angle au rostre. . . . . 42 —
Corde apico-rostrale. . . . . 63 —
Hauteur de la perpendiculaire. . . . . 38 —
Distance de cette perpendiculaire au bord antérieur. . . 25 —
— du même point au rostre postérieur. . . . . 55 —
— de la base de la perp. à l'angle postéro-dorsal. 49 —

Observations. — Nous ne possédons qu'une variété *minor* de cette singulière forme, caractérisée, nous écrit M. Bourguignat, par sa petite taille, par son test plus mince et moins pesant que le type. Les dimensions que nous avons données sont celles du type que possède M. Bourguignat : quant à la var. *minor*, ses dimensions sont les suivantes :

Longueur maximum. . . . . 60 millim.
Hauteur maximum. . . . . 35 —
Epaisseur maximum. . . . . 22 —

Par son galbe irrégulier, par la direction de son bord palléal, avec un profil concave dans sa partie médiane, une telle forme pourrait être rattachée au groupe de l'*Anodonta glyca*. Mais par la nature de son test, toujours épais, solide, pesant, avec un épiderme peu lisse, peu brillant, une telle coquille a plus d'analogie avec les formes du groupe de l'*Anodonta subponderosa*.

Rapports et différences. — Parmi les espèces de ce groupe, nous ne voyons que l'*Anodonta Gougetana* qui ait quelques rapports avec notre nouvelle espèce. On la distinguera très facilement : à son galbe moins renflé ; à son profil tout différent, avec le bord supérieur plus arrondi, le bord inférieur concave dans sa partie médiane ; à son rostre beaucoup plus inférieur, plus tombant ; à son arête apico-rostrale à profil infléchi vers le bas ; au profil de la crête dorsale, fortement convexe et non concave ; etc.

Habitat. — Le type a été adressé à M. Bourguignat, de Lons-le-Saulnier, dans le Jura sous le nom d'*Anodonta Gougetana*. Nous avons reçu la var. *minor* du Tarn, aux environs d'Albi.

Groupe de l'ANODONTA WESTERLUNDI (1)

Observations. — Ce groupe, tel que nous l'avons relevé dans notre *Prodrome*, ne comportait que quatre espèces. Nous allons en ajouter une cinquième, l'*Anodonta Carvalhoi* (2) Castro, forme portugaise jusqu'à présent inconnue en France. Malheureusement nous ne connaissons pas la provenance exacte de notre échantillon. Il nous vient de Michaud et porte pour toute désignation le nom de Provence. M. Bourguignat, après avoir examiné notre coquille, a conclu à l'identification spécifique avec l'espèce portugaise. Nous nous bornerons donc à signaler ce fait, en attendant que l'on trouve en Provence de nouveaux échantillons.

L'*Anodonta Westerlundi* (3) type n'a encore été signalé que dans l'Yvette, à Orsay, près Paris. Nous pouvons aujourd'hui l'indiquer également dans l'Esse, à Manonville, dans la Meurthe-et-Moselle, et dans la Canne, à Pontillard, dans la Nièvre.

Groupe de l'ANODONTA ACALLIA (4)

Aux cinq espèces françaises déjà signalées dans ce groupe, nous en ajouterons une sixième, l'*Anodonta Lortetiana*, jolie petite espèce que nous sommes heureux de dédier à notre savant ami, M. le docteur L. Lortet, doyen de la Faculté de médecine de Lyon.

ANODONTA LORTETIANA, Locard

Description. — Coquille de petite taille, d'un galbe à peu près régulièrement elliptique, assez allongé, médiocrement renflé dans tout son ensemble. — Valves un peu bâillantes dans la région antérieure, fortement bâillantes depuis l'angle postéro-dorsal jusqu'au bas du rostre. — Test mince, assez solide, orné de stries concentriques irrégulières formant des faisceaux irrégulièrement espacés, un peu rugueux ; épiderme peu

(1) Bourguignat, 1881. *Mat. moll. acéph.*, p. 262 (*Westerlundiana*). — Locard, 1882. *Prodr. malac. franç.*, p. 276.

(2) *Anodonta Carvalhoi*, Castro. 1883. *Contr. faune malac. Portugal, in Jorn. scienc. Math. et nat.*, p. 20.

(3) *Anodonta Westerlundi*, Fagot, 1881. *In* Bourguignat, *Mat. moll. acéph.*, p. 276.

(4) Bourguignat, 1881. *Mat. moll. acéph.*, p. 270 (*Acalliana*). — Locard, 1882. *Prodr. malac. franç.*, p. 276.

brillant, d'un gris cendré verdâtre, passant du jaune terne au vert plus ou moins foncé vers la périphérie. — Bord antérieur allongé, légèrement arrondi. — Région antérieure très courte, relativement haute, un peu comprimée dans son ensemble. — Bord inférieur, sensiblement parallèle au bord supérieur, légèrement arrondi-convexe, un peu retroussé à son extrémité vers le rostre. — Région postérieure très développée, un peu plus de trois fois égale à la région antérieure, amincie à son extrémité, terminée par un rostre émoussé, large, à peine bianguleux. — Crête ligamento-dorsale peu développée, peu amincie, avec un profil légèrement arrondi-convexe. — Arête apico-rostrale peu saillante, presque droite depuis le sommet jusqu'à l'angle inférieur du rostre, à peine subbifide à son extrémité. — Sommets peu renflés, à peine saillants, comme comprimés à leur extrémité, ornés de quelques lignes irrégulières, concentriques, onduleuses, peu accentuées. — Ligament antéro-interne, peu épais, mais assez allongé en avant sur le contour antérieur; ligament postérieur peu allongé, fort, robuste, assez saillant à son extrémité postérieure.

Dimensions. —

Longueur maximum.	48	millim.
Hauteur maximum.	28	—
Epaisseur maximum (à 13 des sommets; à 30 du rostre; à 20 du bord antér.; à 16 de l'angle postéro-dorsal; à 20 de la base de la perpendiculaire).	16	—
Longueur de la crête ligamento-dorsale, des sommets à l'angle postéro-dorsal.	21	—
Distance de cet angle au rostre.	22	—
Corde apico-rostrale.	40	—
Hauteur de la perpendiculaire.	25	—
Distance de la perpendiculaire au bord antérieur. . . .	18	—
— du même point de cette perp. au rostre. . . .	38	—
— de la base de la perp. à l'angle postéro-dorsal. .	32	—

Observations. — L'*Anodonta Lortetiana* est caractérisé plus particulièrement par sa petite taille et par son galbe elliptique allongé. De tous nos petits Anodontes de France, c'est certainement sous cette forme oblongue, la coquille la plus régulièrement symétrique, par suite du parallélisme des bords supérieur et inférieur d'une part, et par la situation très antérieure des sommets qui font en quelque sorte pendant à l'angle postéro-dorsal dans toute la ligne de courbure supérieure de la coquille. Une telle forme est donc bien distincte des autres petits Anodontes si souvent confondus sous le nom d'*Anodonta parvula* (1), et qui ne tiennent réellement du *parvula* que par la taille et non par le galbe.

Rapports et différences. — L'*Anodonta Lortetiana* est voisin de l'*Anodonta acallia* (2). Si nous le comparons à la figuration donnée par M. le docteur Kobelt de cette espèce, sous le nom d'*Anodonta coarctata*, nous voyons qu'il en diffère : par son galbe beaucoup plus régulièrement elliptique ; par sa région antérieure encore plus courte et plus haute ; par son bord inférieur plus régulièrement convexe, et non infléchie dans sa partie moyenne ; par sa crête dorsale moins développée, moins haute, avec un profil plus droit ; par son arête apico-rostrale encore plus émoussée ; etc.

Habitat. — Le ruisseau de la Salle, dans Saône-et-Loire.

Groupe de l'ANODONTA AREALIS (3)

Dans ce groupe comme l'a fait très judicieusement observer M. Bourguignat, la plupart des espèces ont été confondues comme celles du groupe précédent, soit avec l'*Anodonta anatina* (4), soit plus tard avec le véritable *Anodonta parvula* (5). Nous n'avons pas d'espèces nouvelles à signaler. Nous nous bornerons à citer quelques habitats nouveaux à ajouter à ceux déjà connus et à indiquer une variété nouvelle :

Anodonta arealis (6). — La Tille, dans la Côte-d'Or ; le lac d'Annecy, dans la Haute-Savoie.

Anodonta subarealis (7). — L'Esse à Manonville, dans la Meurthe-et-Moselle.

Anondota maculata (8). — Les environs de Romans, dans la Drôme ;

(1) *Anodonta parvula*, Drouët, 1852. *Étud. Anod. de l'Aude*, art. 2, p. 9, pl. IV, fig. 2. — Bourguignat, 1881. *Mat. moll. acéph.*, p. 276 et 288.

(2) *Anodonta acallia*, Ray. *In Litt.*, *in* Bourguignat, 1881. *Mat. moll. acéph.*, p. 276. — Kobelt, 1879. *Iconogr.*, pl. CLXV, fig. 1859.

(3) Bourguignat, 1881. *Mat. moll. acéph.*, p. 282 (*Arealiana*). — Locard, 1882. *Prodr. malac. franç.*, p. 277.

(4) *Mytilus anatinus*, Linné, 1758. *Systema naturæ*, édit. X, p. 706. — Rossmassler, 1837. *Iconogr.*, V et VI, pl. XXX, fig. 417.

(5) *Anodonta parvula*, Drouët, 1852. *Nayades France*, p. 9, pl. IV, fig. 3.

(6) *Anodonta arealis*, Küster, 1852. *Anod.*, p. 47, pl. IX, fig. 2-4.

(7) *Anodonta subarealis*, P. Fagot, 1880. *In* Bourguignat, *Mat. moll. acéph.*, p. 280. — Dupuy, 1852. *Hist. Moll.*, pl. XIX, fig. 13 (*Anodonta anatina*).

(8) *Mytilus maculata*, Sheppard, 1820. *In Limn. Trans.*, XIII, p. 83, fig. 6. — *Anodonta maculata*, Bourguignat, 1880. *Mat. moll. acéph.*, p. 286.

la Loire à Villerest, près Roanne, dans la Loire ; la Grôsne à la Ferté, près Sennecey-le-Grand, dans Saône-et-Loire ; le canal de Mons à Condé près Valenciennes, dans le Nord ; la Saône, à Neuville, dans le département du Rhône.

Anodonta parvula. — La Canne à Pontillard, dans la Nièvre; la Mouge, près Mâcon, dans Saône-et-Loire.

ANODONTA MACULATA, Sheppard

Observations. — Nous rattachons à l'*Anodonta maculata* une var. nouvelle que nous désignerons sous le nom de var. *compressa*. Cette variété se distingue du type: par sa taille un peu plus grande (long. max., 75 mill. ; haut. max., 45 mill. ; épaiss. max., 20 mill.) que la plupart de nos échantillons français, de même galbe, mais notablement plus comprimé dans tout son ensemble; par suite de cet affaissement du bombement général des valves, la région qui avoisine la crête postéro-dorsale paraît moins pincée, et l'arête apico-rostrale moins saillante, — Nous possédons cette var. *depressa* de la Grôsne à la Ferté, près Sennecey-le-Grand, dans Saône-et-Loire, et du canal de Mons à Condé, près de Valenciennes, dans le Nord.

Groupe de l'ANODONTA SPENGLERI (1)

ANODONTA ARUNDINUM, Servain

Anodonta arundinum, Servain. 1884. *Mss.*

Description. — Coquille de taille assez petite, d'un galbe général renflé, à arête dorsale saillante, à profil sub-elliptique un peu allongé. — Valves fortement bâillantes dans toute la région antérieure, un peu moins bâillantes depuis l'angle postéro-dorsal jusque sous le rostre. — Test assez solide, quoique un peu mince, orné de stries concentriques très irrégulières, devenant comme feuilletées vers la périphérie; d'un vert

(1) Bourguignat, 1881. *Mat. moll. acéph.*, p. 307 *(Spengleriana)*.— Locard, 1882. *Prodr. mal. franç.*, p. 279.

foncé, très sombre sur les bords, plus clair vers les sommets, avec quelques flammulations foncées, étroites, partant de la région des sommets pour aboutir près du bord inférieur; intérieur nacré, un peu bleuâtre, parfois irisé vers les bords. — Bord supérieur rectiligne, assez allongé. — Région antérieure assez développée, peu haute, régulièrement arrondie. — Bord inférieur très largement arrondi, avec une direction tombante, autant retroussé à l'avant qu'à l'arrière. — Région postérieure assez courte, à peine deux fois égale à la région antérieure, terminée par un rostre très court, très émoussé, vaguement bianguleux, très inférieur. — Crête ligamento-dorsale bien développée, assez large vers l'angle postéro-dorsal, amincie, avec un profil sensiblement rectiligne. — Arête apico-rostrale, correspondant à peu près au maximum de bombement de la coquille, légèrement infléchie, vaguement bifide à son extrémité vers le rostre. — Sommets renflés dans leur ensemble, mais peu saillants à leur extrémité, ornés de lignes irrégulières concentriques, onduleuses, assez larges. — Ligament antéro-interne, mince, allongé, assez fort; ligament postérieur un peu court, fort et saillant.

Dimensions. —

Longueur maximum.	65	millim.
Hauteur maximum.	39	—
Epaisseur maximum (à 20 des sommets; à 36 du rostre; à 34 du bord antér.; à 23 de l'angle postéro-dorsal; à 26 de la base de la perpendiculaire).	24	—
Longueur de la crête ligamento-dorsale, des sommets à l'angle postéro-dorsal.	23	—
Distance de cet angle au rostre.	33	—
Corde apico-rostrale.	50	—
Hauteur de la perpendiculaire.	37	—
Distance de la perpendiculaire au bord antérieur. . .	37	—
— du même point de cette perp. au rostre. . . .	40	—
— de la base de la perp. à l'angle postéro-dorsal.	42	—

Observations — Cette forme assez singulière se rattache par son mode de bombement au groupe de l'*Anodonta Spengleri*. Nous devons sa découverte à M. le docteur Servain qui a bien voulu nous en adresser le type. En même temps il nous envoyait une forme analogue très voisine, quoique différente, récoltée par lui dans l'Alster à Hambourg en Allemagne et qui constitue une variété *major* par rapport au type français. La forme allemande mesure : long. max., 79 ; haut. max., 48 ; épaiss. max., 31 millim. Elle est proportionnellement un peu plus allongée, avec le bord supérieur moins rectiligne, l'angle postéro-dorsal moins saillant que la forme française ; en outre sa crête est moins comprimée, et le rostre encore plus obtus ; sa couleur est d'un brun foncé, un peu olivâtre, passant au roux vers les sommets, avec les mêmes petites flammulations. Dans la Drée, on trouve une var. *minor* encore plus courte que le type ; elle mesure : long. max., 51 ; haut. max., 34 ; épaiss. max., 18 mill. ; comme galbe, cette var. *minor* se rapproche davantage du type que la var. *major*.

RAPPORTS ET DIFFÉRENCES. — L'*Anodonta arundinum*, comparé à l'*Anodonta Spengleri* (1), en diffère : par sa taille plus petite ; par son galbe plus elliptique, moins subrectangulaire dans son ensemble ; par son bord inférieur plus arrondi et plus tombant ; par ses sommets moins saillants, moins renflés dans leur ensemble ; etc.

HABITAT. — Le type a été trouvé en France dans le Moine à Cholet dans le département de Maine-et-Loire ; nous possédons la var. *minor* de la Drée à Epinac dans Saône-et-Loire.

Groupe de l'ANODONTA MILLETI (2)

Dans ce groupe qui renferme des Anodontes au galbe plus ou moins circulaire, nous ajouterons deux espèces nouvelles pour la faune française, aux six espèces déjà signalées. L'une d'elles est inédite, l'autre faisait jusqu'à présent partie de la faune allemande.

ANODONTA MILLETI, Ray et Drouët

Anodonta Milleti, Ray et Drouët, 1848. *Descr. Anod.*, *in Rev. mag. zool.*, p. 255, pl. I, fig. 1. — Dupuy. 1852, *Moll. France*, p. 617, pl. XXI, fig. 16.

OBSERVATIONS. — L'*Anodonta Milleti* paraît varier de taille dans des proportions assez considérables. Déjà M. l'abbé Dupuy lui assigne comme dimensions les cotes suivantes :

(1) *Anodonta Spengleri*, Bourguignat, 1881. *Mat. moll. acéph.*, p. 317.

(2) Bourguignat, 1881. *Mat. moll. acéph.*, p. 358 (*Milletiana*). — Locard, 1882. *Prodr. malac. franç.*, p. 281.

Longueur maximum.	90 à 110	millim.
Hauteur maximum.	60 à 70	—
Épaisseur maximum.	35 à 50	—

Nous signalerons, sous le nom de var. *major*, une forme de taille plus grande encore, et qui tout en conservant les caractères généraux du type, atteint les dimensions les plus grandes de toutes les espèces connues dans ce groupe. Notre individu, recueilli à la Clayette dans Saône-et-Loire, mesure: longueur max., 132; hauteur max., 32 ;épaisseur max., 49. C'est du reste une forme peu commune, même dans cette station.

ANODONTA ARNOULDI, Bourguignat

Anodonta Arnouldi, Bourguignat, 1883. *Unionidæ pennis. italique*, p. 114.

Observations. — L'*Anodonta Arnouldi* a son type dans les lacs de Suisse, notamment dans le lac Morat. M. Bourguignat l'a également signalé en France dans le canal de Nevers, dans la Nièvre ; il vit aussi en Allemagne et en Italie. Nous avons reçu par les soins de M. Nicolas, d'Avignon cette même espèce qui paraît vivre assez communément dans les délaissés du Rhône aux environs d'Arles et d'Avignon, jusque dans la Camargue ; nous l'avons également reçue d'Aramon dans le Gard.

En France, cette espèce paraît atteindre une taille plus grande qu'en Suisse et constituerait une var. *major*. Voici les cotes comparatives :

	TYPE	AVIGNON	ARLES
Longueur maximum.	80	110	120
Hauteur —	52	65	80
Epaisseur —	27	32	44

Cette forme ovalaire, subarrondie, nous paraît des plus typiques. Comparée à l'*Anodonta Milleti*, on la distinguera toujours facilement : au profil de son contour qui est notablement moins circulaire, plus allongé ; à sa région postérieure plus allongée, avec un rostre écourté mais plus saillant ; à son bombement plus rapproché des sommets ; à ses valves plus bâillantes en avant ; à sa crête postéro-dorsale plus accentuée ; etc.

ANODONTA MIRANELLA, Bourguignat

Anodonta Miranella, Bourguignat, 1884. *Mss.*

Description. — Coquille de taille assez petite, d'un galbe subcirculaire-elliptique un peu allongé, assez bombé, régulièrement renflé dans son ensemble. — Valves bâillantes dans toute la région antérieure, plus bâillantes encore depuis l'angle postéro-dorsal jusqu'à l'extrémité du rostre. — Test un peu mince, assez solide, orné de stries concentriques fines, peu saillantes, irrégulièrement espacées, subfeuilletées dans la région de la crête apico-rostrale ; épiderme brillant, d'un brun pâle, un peu jaunâtre, passant par places au brun verdâtre ; intérieur nacré, d'un blanc rosé. — Bord supérieur allongé, presque rectiligne. — Région antérieure assez développée, mais peu haute, inégalement arrondie. — Bord inférieur largement convexe, avec une direction assez fortement inclinée, un peu relevé à son extrémité vers le rostre. — Région postérieure égale à deux fois et demie la région antérieure, terminée par un rostre très court, très obtus, subtroncatulé, très inférieur. — Crête ligamento-dorsale assez développée, un peu amincie, avec un profil très exactement rectiligne. — Arête apico-rostrale confusément saillante, correspondant au maximum du bombement des valves, presque rectiligne ou légèrement infléchie vers les sommets. — Sommets antérieurs renflés, assez volumineux, légèrement saillants à leur extrémité, ornés, sur une faible longueur, de lignes concentriques irrégulièrement ondulées. — Ligament antéro-interne assez fort, assez allongé; ligament postérieur également allongé, fort, mais peu saillant.

Dimensions. —

Longueur maximum.	67 millim.
Hauteur maximum.	44 —
Epaisseur maximum (à 18 des sommets ; à 40 du rostre ; à 34 du bord antérieur ; à 21 de l'angle postéro-dorsal ; à 33 de la perpendiculaire).	24 —
Longueur de la crête ligamento-dorsale, des sommets à l'angle postéro-dorsal.	29 —
Distance de cet angle au rostre.	35 —
Corde apico-rostrale.	55 —

Hauteur de la perpendiculaire. . . . . 39 —
Distance de cette perpendiculaire au bord antérieur. . . 34 —
— du même point au rostre postérieur. . . . . 43 —
— de la base de la perp. à l'angle postéro-dorsal. 47 —

OBSERVATIONS. — Par son galbe subcirculaire, l'*Anodonta Miranella* doit bien être rattaché au groupe de l'*Anodonta Milleti*. C'est une des petites formes de ce groupe. Ce qui le caractérise plus particulièrement, c'est la direction descendante de son bord inférieur et son mode de bombement ; renflées dans tout leur ensemble, sauf vers la crête postéro-dorsale, le maximum de convexité des valves est presque médian dans le sens de la longueur et notablement supérieur par rapport aux sommets. Ceux-ci sont renflés et font saillie sur la ligne du bord supérieur.

RAPPORTS ET DIFFÉRENCES. — Nous ne pouvons rapprocher l'*Anodonta Miranella*, parmi les formes françaises de ce groupe, que de l'*Anodonta subrhombea* (1) figuré par M. Drouët, sous le nom d'*Anodonta piscinalis*. On distinguera notre espèce : à sa taille plus petite, à son galbe moins allongé ; à sa région antérieure tout aussi développée, mais proportionnellement moins haute ; à son rostre plus obtus, plus émoussé, encore plus inférieur ; à son arête apico-rostrale moins saillante ; à son maximum de convexité plus médian par rapport à la longueur totale ; etc.

HABITAT. — Nous avons récolté cette espèce dans les eaux de la Saône à Collonges, près Lyon, dans le département du Rhône. M. Bourguignat la possède également du Weser à Vegesak en Allemagne.

(1) *Anodonta subrhombea*, Brown, 1840. *Illust. conch.*, p. 80, pl. XXX, fig. 3-4. — 1845 2e édit., p. 104, pl. XVI, fig. 3-4. — Drouët, 1854. *Nayades France*, pl. V, fig. 1 (*Anodonta piscinalis*).

FIN

TABLE DES MATIÈRES

Groupe de L'ANODONTA GLYCA.

Groupe de L'ANODONTA SUBPONDEROSA.

Groupe de L'ANODONTA WESTERLUNDI.

Groupe de L'ANODONTA ACALLIA.

Groupe de L'ANODONTA AREALIS.

Groupe de L'ANODONTA SPENGLERI.

Groupe de L'ANODONTA MILLETI.

LYON. — IMPRIMERIE PITRAT AINÉ, RUE GENTIL, 4

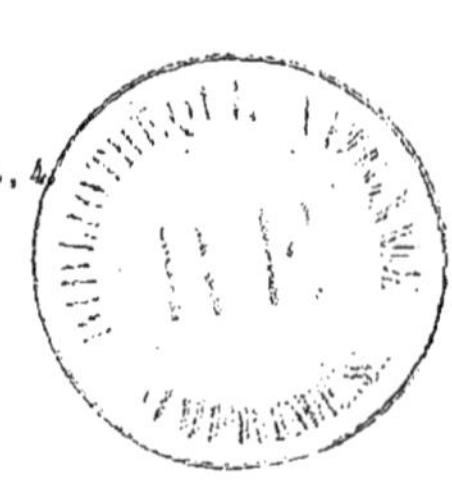

Extrait de la Société d'Agriculture, Histoire naturelle et Arts utiles de Lyon
Séance du 7 novembre 1884.

www.ingramcontent.com/pod-product-compliance
Ingram Content Group UK Ltd.
Pitfield, Milton Keynes, MK11 3LW, UK
UKHW021128230726
13926UKWH00002B/664